JINGDIAN BINGQI DIANCANG

经典兵器典藏

战场雄狮——

装甲车

崔钟雷 主编

和藏出版社

前言
FOREWORD

拂去弥漫的战场硝烟
续写世界经典兵器的旷世传奇

　　自古至今,战争中从未缺少兵器的身影,和平因战争而被打破,最终仍旧要靠兵器来捍卫和维护。兵器并不决定战争的性质,只是影响战争的进程和结果。兵器虽然以其冷峻的外表、高超的技术含量和强大的威力成为战场上的"狂魔",使人心惊胆寒。但不可否认的是,兵器在人类文明的发展历程中,起到了不可替代的作用,是维持世界和平的重要保证。

　　我们精心编纂的这套《经典兵器典藏》丛书,为读者朋友们展现了一个异彩纷呈的兵器世界。在这里,"十八般兵器应有尽有,海陆空装备样样俱全"。只要翻开这套精美的图书,从小巧的手枪到威武的装甲车;从潜伏在海面下的潜艇到翱翔在天空中的战斗机,都将被你"一手掌握"。本套丛书详细介绍了世界上数百种经典兵器的性能特点、发展历程等充满趣味性的科普知识。在阅读专业的文字知识的同时,书中搭配的千余幅全彩实物图将带给你最直观的视觉享受。选择《经典兵器典藏》,你将犹如置身世界兵器陈列馆中一样,足不出户便知天下兵器知识。

编　者

目录
CONTENTS

 ## 美国装甲车

M75 装甲人员运输车 …………………… 2

M59 装甲人员运输车 …………………… 4

M113 装甲人员运输车 ………………… 6

P5 履带式登陆车 ……………………… 8

LAV-25 步兵战车 ……………………… 10

M2 步兵战车 …………………………… 12

AAV7 两栖步兵战车 …………………… 14

AIFV 步兵战车 ………………………… 16

俄罗斯装甲车

BTR-50 装甲人员运输车 …………… 20

BTR-60PB 装甲人员运输车 ………… 22

BTR-70 装甲人员运输车 …………… 24

BTR-80 装甲人员运输车 …………… 26

BTR-90 装甲人员运输车 …………… 28

BTR-T 重型装甲人员运输车 ········· 30

BMP-1 步兵战车 ················· 32

BMP-2 步兵战车 ················· 34

BMP-3 步兵战车 ················· 36

MT-LB 装甲人员运输车 ··············· 38

英国装甲车

FV601 轮式装甲车 ················ 42

FV432 装甲人员运输车 ·············· 44

FV101 装甲侦察车 ················ 46

FV721 FOX 装甲侦察车 ············· 48

"武士"步兵战车 ······················ 50

法国装甲车

AMX VCI 步兵战车 ·············· 54

AMX-10P 步兵战车 ·············· 56

VBCI 步兵战车 ···················· 58

目录
CONTENTS

 德国装甲车

HS-30 装甲人员运输车 ················ 62

"黄鼠狼"1 型步兵战车 ················ 64

UR-416 装甲人员运输车 ················ 66

Tpz-1 装甲人员运输车 ················ 68

 其他国家装甲车

意大利 VCC-80 步兵战车 ·············· 72

瑞典 PBv 301 装甲人员运输车 ········ 74

瑞典 CV9030 步兵战车 ··············· 76

瑞典 CV9040 步兵战车 ··············· 78

土耳其 FNSS 步兵战车 ··············· 80

保加利亚 BMP-23 步兵战车 ··········· 82

罗马尼亚 MLI-84 步兵战车 ··········· 84

日本 89 式步兵战车 ················· 86

阿根廷 VCTP 步兵战车 ··············· 88

美国装甲车

M75 装甲人员运输车

▶ **基本结构**

　　M75 装甲人员运输车车体是全封闭的焊接和铸钢结构。

1951 年 1 月，美军将用 T43 运货车的底盘研究设计的 T18 和 T18E1 多用途装甲车改名为履带式步兵装甲车。1952 年 12 月，美国陆军决定装备 T18E1 装甲车，并将其定名为 M75 履带式装甲人员运输车。该车的生产型与原设计相比略有不同，一部分生产型车顶装甲厚 9.5 毫米，还有一部分车顶装甲厚 12.7 毫米。该车无三防装置，多数车上装有主动红外驾驶仪。

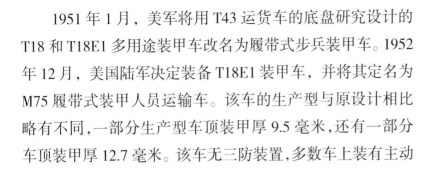

M75 装甲人员运输车基本数据

乘员 + 载员：2 人 +10 人	
车长：5.193 米	
车宽：2.844 米	
战斗全重：18.828 吨	
最大公路速度：71 千米 / 时	
最大公路行程：185 千米	

载员舱

M75 装甲人员运输车的 10 名载员坐在车体后部的载员舱内，出入均通过车尾的两扇门，门枢在中央，另外，载员舱顶部也有舱口。

M59 装甲人员运输车

M59 装甲人员运输车基本数据

乘员 + 载员:2 人 +10 人

车长:5.613 米

车宽:3.263 米

战斗全重:19.323 吨

最大公路速度:51.5 千米 / 时

最大公路行程:164 千米

▶▶ 动力缺陷

M59 装甲人员运输车发动机功率不足,致使该车仅能在很平静的水域中行驶。

1954~1959 年,M59 履带式装甲人员运输车的总产量超过四千辆,主要用于取代 M75 非水陆两用装甲车。M59 履带式装甲人员运输车本身能用作救护车、指挥车、运输车、侦察车和装有 M40 式 106 毫米无后坐力炮的武器运输车。M59 履带式装甲人员运输车可水陆两用,在水中行驶时用履带划水。M59 装甲人员运输车的前部装有铰接翻转型防浪板,履带上方也安装了橡胶侧板,这样可减少水上行驶时的阻力,但是在入水前需要开动舱底的排水泵。

M113 装甲人员运输车

> ▶ **使用情况**

    M113 装甲人员运输车是西方国家使用最广泛的装甲车,有近五十个国家和地区的军队装备了该车。

M113A1

M113A1 装甲人员运输车采用了铝合金装甲,可防枪弹及弹片伤害,但其火力攻击能力较弱。

M113A2 装甲人员运输车基本数据

乘员 + 载员:2 人 +11 人

车长:5.3 米

车宽:2.686 米

战斗全重:12.47 吨

最大公路速度:64 千米 / 时

最大公路行程:360 千米

M113 装甲人员运输车是美国现役的制式装甲人员运输车,其越野机动性能优越,可空投、空运,并且是一种水陆两用的装甲人员运输车。其中,M113A2 装甲人员运输车发动机功率较高,悬挂系统采用了高强度扭杆,增加了减震设备,油箱防护力增强,车体开有射孔,步兵可在车上战斗。M113A3 装甲人员运输车安装了附加装甲,并配有涡轮增压柴油发动机、扭杆悬挂装置、液压减振器和挂胶履带等。此外,该车车底加装了防地雷装甲,车内安装了三防探测仪、自动灭火系统和自动报警器等。

P5 履带式登陆车

P5 履带式登陆车基本数据

乘员 + 载员：3 人 + 34 人

车长：8.84 米

车宽：3.6 米

战斗全重：31.8 吨

最大公路速度：48 千米 / 时

最大公路行程：306 千米

武器装备

　　P5 履带式登陆车配备一挺 7.62 毫米并列机枪和一挺 12.7 毫米高射机枪。此外，车内还携带了 1 000 发 7.62 毫米机枪弹和 1 050 发 12.7 毫米高射机枪弹。

P5 履带式登陆车是美国于 1950 年开始研制的一种两栖装甲战车，但是由于研制该车时的技术水平落后，所以该车服役后在战争中暴露出许多问题，最终于 1974 年全部退役。后来，P5 履带式登陆车被台湾引进，并加以改进，作为海军陆战队的主要输送装备。

▶ **改进型号**

　　在 P5 履带式登陆车的改型车中，工程抢险车的性能比较出色。

LAV-25 步兵战车

LAV-25 步兵战车基本数据

乘员 + 载员 : 3 人 + 6 人

车长 : 6.393 米

车宽 : 2.499 米

战斗全重 : 12.882 吨

最大公路速度 : 100 千米 / 时

最大公路行程 : 668 千米

▶ 变型车

　　LAV-25 步兵战车目前共有保养抢救车、后勤支援车、自行迫击炮车、指挥控制车和反坦克导弹发射车五种变型车。

  1980 年，美国新组建的快速反应部队需要一种轮式步兵战车。1982 年 9 月，加拿大通用汽车公司提供的皮兰哈轮式装甲车被美军选中，并被命名为 LAV-25 轮式步兵战车。美军第一个合同的采购量为 969 辆，其中陆军 680 辆，海军陆战队 289 辆，如有需要还可追加 598 辆。1984 年，美国陆军在该车的战斗全重、火炮口径、载员数量方面与海军陆战队产生分歧而退出订购计划，此时尚未交付的 LAV-25 步兵战车均由海军陆战队购买。

M2 步兵战车

M2 步兵战车基本数据

乘员 + 载员：3 人 +7 人

车长：6.45 米

车宽：3.2 米

战斗全重：22.67 吨

最大公路速度：66 千米 / 时

最大公路行程：483 千米

M2 步兵战车于 1983 年正式装备美军,总产量约为四千辆。M2 步兵战车配备了各式先进武器,足以使该型步兵战车应付各种紧急情况。M2 步兵战车有着优秀的远程目标识别能力,在海湾战争中为美军的主战坦克提供了大量伊军远程目标方位,从而大大加快了战争进程。M2 步兵战车装甲防护力较强,能抵御穿甲弹和炮弹的攻击。但该车上没有激光测距仪和定位导航系统,在沙漠中易迷失方向。

扬威伊拉克

M2 步兵战车曾两次出现在伊拉克战场上,分别是 1991 年的海湾战争和 2003 年的伊拉克战争。M2 步兵战车在这两场战争中均有十分出色的表现。

AAV7 两栖步兵战车

1971 年 8 月，美国海军陆战队首次使用了 AAV7 两栖步兵战车。AAV7 两栖步兵战车能顺利进行由水中到陆地的战场转变，非常适于两栖登陆作战。该战车可抵抗 3 米高的巨浪，并能游刃有余地在水中倒行、自由转向和旋转，水中机动性能良好。AAV7 步兵战车能在水中行进自如，在陆地上更是快速灵活。AAV7 步兵战车的最高爬坡度为 35°，而且该车还可以在沙漠、沼泽地区 360° 转弯，穿越复杂地形的能力极强。

AAV7 两栖步兵战车基本数据

乘员 + 载员 : 3 人 + 25 人	
车长 : 7.943 米	
车宽 : 3.27 米	
战斗全重 : 22.838 吨	
最大公路速度 : 72 千米 / 时	
最大公路行程 : 482 千米	

▶ 使用情况

在海军陆战队中，AAV7 步兵战车装备于两栖突击营，每营共有 187 辆 AAV7 步兵战车。

AIFV 步兵战车

AIFV 步兵战车基本数据

乘员 + 载员 : 3 人 + 7 人

车长 : 5.29 米

车宽 : 2.62 米

战斗全重 : 13.69 吨

最大公路速度 : 61.2 千米 / 时

最大公路行程 : 482 千米

▶ 独特设计

　　为防止车内发生意外，AIFV 步兵战车的载员舱中配备使用单兵武器射击用的支架。该车的载员舱内还有废弹壳搜集袋，可防止射击后抛出的弹壳伤到邻近的步兵。

AIFV 步兵战车车体采用铝合金装甲和附加夹层钢装甲结构,炮塔上装有机关炮和机枪,载员舱两侧分别有两个射击孔,尾门上有一个射击孔。为减少车内意外的发生,单兵武器在射击时都使用支架支撑。车后部是动力操纵的跳板式大门,步兵由此出入。大门左侧是安全门,两侧为燃油箱,有装甲板将其与载员舱隔开。

武器系统

AIFV 步兵战车的主武器是 KBA-B02 机关炮,此外,该车还配备并列机枪和烟幕弹发射器。

两栖作战

AIFV 步兵战车入水前车体前部的折叠式防浪板升起,在水中行驶时能够运用履带划水快速前行。

装甲夹层

　　AIFV 步兵战车的装甲夹层由特质的泡沫塑料填充,重量较轻,有利于提高车辆在水中行驶时的浮力。

俄罗斯装甲车

BTR-50 装甲人员运输车

》变型车

　　BTR-50PK 装甲指挥车是 BTR-50 装甲人员运输车的变型车之一,该车体为全密封式,车内装有三防装置,适于在核战条件下作战。

BTR-50 装甲人员运输车基本数据

乘员 + 载员:2 人 + 18 人

车长:7.0 米

车宽:3.14 米

战斗全重:14 吨

水上最大航速:11 千米 / 时

最大公路行程:259 千米

第二次世界大战期间，苏军的步兵与坦克协同作战时，主要采取步兵搭载在坦克上的方式。这样，虽然推进速度提高了，但增加了士兵在战场上的伤亡率。第二次世界大战结束后，为了适应新形势的需要，苏军研制了BTR-50履带式装甲人员运输车。

BTR-60PB 装甲人员运输车

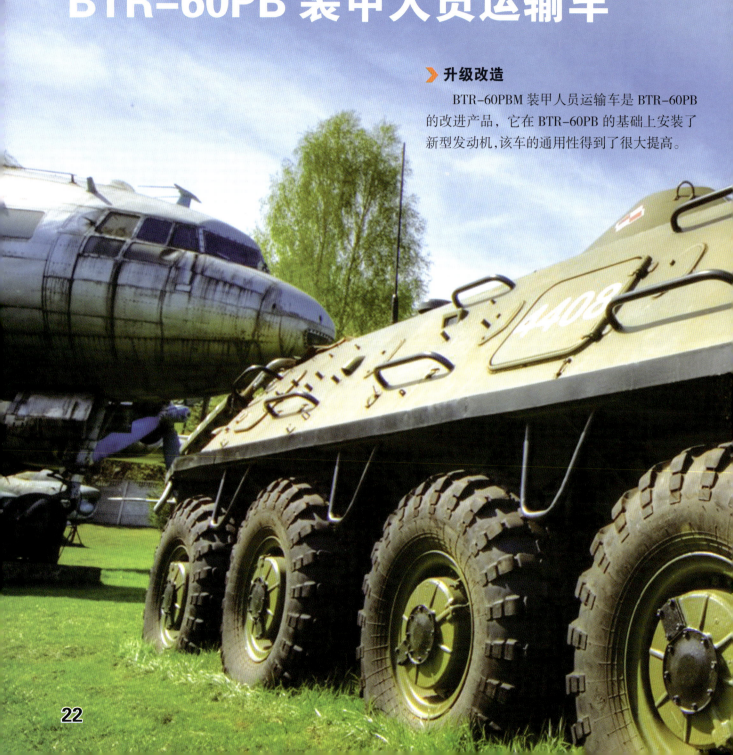

> **升级改造**

　　BTR–60PBM 装甲人员运输车是 BTR–60PB 的改进产品，它在 BTR–60PB 的基础上安装了新型发动机，该车的通用性得到了很大提高。

BTR-60PB 装甲人员运输车安装了单人手动炮塔,武器为一挺 14.5 毫米 KPVT 机枪和一挺 7.62 毫米 PKT 机枪。BTR-60PB 装甲人员运输车的装甲防护水平较高,并增加了火焰探测和灭火抑爆设备、三防系统和生命支持系统。同时,BTR-60PB 装甲人员运输车的观察设备、防弹轮胎、喷水推进器和座椅布局设计在很大程度上提高了该车的综合作战能力。

BTR-60PB 装甲人员运输车基本数据

乘员 + 载员:2 人 +14 人

车长:7.56 米

车宽:2.825 米

战斗全重:10.3 吨

最大公路速度:100 千米 / 时

最大公路行程:500 千米

BTR-70 装甲人员运输车

1980 年 11 月, BTR-70 装甲人员运输车参加了在莫斯科红场上举行的阅兵式, 并在此后陆续列装苏联军队以取代 BTR-60 系列装甲人员运输车。

武器配备

BTR-70 装甲人员运输车的炮塔上装有 14.5 毫米口径的 KPVT 重机枪和 7.62 毫米口径的 PKT 并列机枪各一挺。此外, BTR-70 还可装备防空导弹和反坦克火箭筒。

BTR-70 装甲人员运输车的车长和驾驶员并排坐在车的前段,驾驶员在左,车长在右,车前有两个观察窗,战斗时窗口都由顶部铰接的装甲盖板防护。每个窗口有 3 个前视和 1 个侧视潜望镜,在侧视潜望镜下面还有 1 个射击孔。载员舱在炮塔后面,车体两侧的第二、第三轴之间有向前打开的小门。

BTR-70 装甲人员运输车基本数据

乘员 + 载员:2 人 + 9 人	
车长:7.535 米	
车宽:2.8 米	
战斗全重:11.5 吨	
最大公路速度:80 千米 / 时	
最大公路行程:600 千米	

▶ 防浪板

BTR-70 装甲人员运输车在入水前会竖起车前防浪板,而在地面行驶时,防浪板则折叠贴在车外装甲上。

性能特点

BTR-70 装甲人员运输车上配备的 KPVT 重机枪可发射曳光穿甲燃烧弹、穿甲燃烧弹和穿甲弹,在 500 米的距离范围内可击穿 32 毫米厚的垂直钢装甲,在 1 000 米距离范围内可击穿 20 毫米厚的垂直钢装甲。

BTR-80 装甲人员运输车

BTR-80 装甲人员运输车基本数据

乘员 + 载员：2 人 + 8 人

车长：7.65 米

车宽：2.9 米

战斗全重：13.6 吨

最大公路速度：80 千米 / 时

最大公路行程：600 千米

BTR-80 装甲人员运输车车内设备齐全,装有灭火装置、伪装器材、生活保障装置、排水设备,还腾出位置用于放置 3 个饮料桶、10 个口粮袋、3 件救生背心、10 个行囊和车辆备用工具及附件。BTR-80 装甲人员运输车的单人炮塔上安装一挺 14.5 毫米口径 KPVT 重机枪和 7.62 毫米口径 PKT 并列机枪。车上还装有防空导弹发射架,车内储备有 8 支自动步枪、反坦克火箭筒、手榴弹和信号弹。

▶ 防护能力

BTR-80 装甲人员运输车的车体和炮塔装甲可抵御步兵武器、地雷和炮弹破片的攻击。在核、生、化环境中作战时,车体和炮塔可迅速密闭,保证车内作战人员的安全。

行程

BTR-80 装甲人员运输车的传动系统相对简单,而发动机的燃油消耗率也较低,所以车辆行程比较大。

BTR-90 装甲人员运输车

　　BTR-90 装甲人员运输车具有较高的机动性，火力打击能力和生存能力也十分出色，能完成为机械化步兵和海军陆战队提供火力支援、输送人员、监视、侦察和巡逻的任务。该车的变型车包括步兵战车、指挥车、控制车、通信车和技术与医疗支援车。BTR-90 装甲人员运输车车体用高硬度装甲钢制造，为全焊接装甲结构，车内有凯夫莱防剥落衬层，并可披挂被动附加装甲。针对战场上经常遇到地雷袭击的问题，该车车体底部和载员座椅采取了有效防反坦克地雷伤害的措施。

BTR-90 装甲人员运输车基本数据

乘员 + 载员：3 人 + 9 人

车长：7.6 米

车宽：3.2 米

战斗全重：17 吨

最大公路速度：100 千米 / 时

最大公路行程：805 千米

▶ 作战能力

BTR-90 装甲人员运输车配备机关炮、榴弹发射器、反坦克导弹系统和 7.62 毫米机枪，其综合作战能力堪比轻型坦克。

▶ 装甲防护能力

BTR-90 装甲人员运输车可抵御 14.5 毫米机枪弹攻击，披挂附加轻质陶瓷复合装甲后，该车能抵御 RPG-7 反装甲火箭弹的攻击。

BTR-T 重型装甲人员运输车

  普通装甲人员输送车装甲薄弱，容易在众多反坦克武器的围攻中成为移动的活靶子。因此，俄罗斯军方研制了 BTR-T 重型装甲人员运输车。BTR-T 重型装甲人员运输车除车身主体的装甲比普通装甲人员运输车厚以外，在车体的正面和两侧均安装了俄罗斯最新型的爆炸式反应装甲。

综合性能

BTR-T 重型装甲人员运输车的设计特点带有极强的实战针对性,该车不但具备优秀的防护能力,同时还具备非常强的攻击能力。

BTR-T 重型装甲人员运输车基本数据

乘员 + 载员:2 人 + 5 人

车长:6.45 米

车宽:3.27 米

战斗全重:38.5 吨

最大公路速度:50 千米 / 时

最大公路行程:805 千米

BMP-1 步兵战车

BMP-1 步兵战车是 20 世纪 60 年代中期苏联研制并批量生产的新式步兵战车。该车主要列装坦克师和摩步师的摩步团，用以取代 BTR-50PK 履带式装甲人员运输车和部分 BTR-60PB 轮式装甲人员运输车。BMP-1 步兵战车的主要武器是一门 73 毫米口径的 2A28 低压滑膛炮。炮塔后下方安装有自动装弹机，由在战斗舱内的 40 发弹盘供弹。

》射击孔

BMP-1 步兵战车的射击孔
较大，射界明显增加。

▶ 基本性能

BMP-1 步兵战车配备强劲的发动机，具备良好的水陆两用性能和较高的越野性能。

▶ 生存条件

BMP-1 步兵战车内良好的生存条件由空气滤清系统、温湿度调节系统保障，同时，食品、饮用水和药品储备也是非常充足的。

BMP-1 步兵战车基本数据

乘员 + 载员：3 人 + 7 人

车长：6.74 米

车宽：2.94 米

战斗全重：13.3 吨

最大公路速度：65 千米 / 时

最大公路行程：500 千米

BMP-2 步兵战车

BMP-2 步兵战车基本数据

乘员＋载员：3人＋7人

车长：6.735 米

车宽：3.15 米

战斗全重：14.6 吨

最大公路速度：70 千米／时

最大公路行程：600 千米

BMP-2 步兵战车是在 1982 年的红场阅兵式上首次亮相的，其外形与 BMP-1 步兵战车极为相似。当它出现在红场上时，炮塔的两侧披挂着附加装甲，显得极其威武。BMP-2 步兵战车采用了大型双人炮塔，视野扩大，指挥能力增强，驾驶员后方的座位用于步兵乘坐。尽管 BMP-2 步兵战车的性能在改进中不断提高，但是其火力仍旧相对较弱，用 30 毫米机关炮和并列机枪来对付建筑物、碉堡或隐蔽的目标，效果并不理想。

夜间驾驶仪

BMP-2 步兵战车配备了夜间驾驶仪，以提高夜间驾驶的安全性。

BMP-3 步兵战车

  BMP-3 步兵战车是苏联生产的第三代履带式步兵战车，于 20 世纪 80 年代初开始研制，于 1986 年投产。在投产前，苏军对该车进行了各种实战环境的野外试验，其性能较 BMP-2 步兵战车有很大提升。

  出口型的 BMP-3 步兵战车上配备了法国 SAT 公司生产的热成像瞄准镜。为满足热带沙漠地区的作战要求，乘员舱内加装了空调系统。

> **出口**

  目前，BMP-3 步兵战车的出口数量远比俄罗斯本国装备的数量多，由此可见，BMP-3 步兵战车在国际武器市场上的热销程度。

升级改造

目前，俄罗斯计划将新研制的 45 毫米自动炮安装在 BMP-3 步兵战车上，该炮发射的穿甲弹可在一千米外击穿 150 毫米厚的装甲。

BMP-3 步兵战车基本数据

乘员 + 载员：3 人 + 7 人

车长：6.735 米

车宽：3.3 米

战斗全重：18.7 吨

最大公路速度：70 千米 / 时

最大公路行程：600 千米

MT-LB 装甲人员运输车

▶ 多种用途

　　MT-LB 装甲人员运输车有多种用途，可充当火炮牵引车，其载员舱顶部有全封闭的储物箱，可存放枪支。MT-LB 还可充当急救车，车内备有担架。

MT-LB 装甲人员运输车是一种重型履带式军事运输装备，是近年来俄罗斯武器装备现代化改进项目中最为成功的一种。MT-LB 装甲人员运输车问世后，世界各国的军队均订购了大量该车，个别国家的装备数量更是数以千计。目前，该车仍是远东和极北地区不可替代的军事装备之一。在那些自然条件恶劣的地区，MT-LB 装甲人员运输车的越野性能仅次于装备数量只有几十辆的"勇士"运输车。

MT-LB 装甲人员运输车基本数据

乘员＋载员:2 人＋11 人	
车长:6.45 米	
车宽:2.86 米	
战斗全重:11.9 吨	
最大公路速度:61.5 千米／时	
最大公路行程:500 千米	

防护能力

MT-LB 装甲人员运输车的车体由轧制装甲板整体焊接而成，可保护乘员和登陆队员免遭敌方轻武器、火炮和小型地雷的杀伤。

▶ 特殊结构

MT-LB 装甲人员运输车的结构非常特别，它的传动装置在车体前部，指挥舱在后部，发动机在车体中部偏左位置。

▶ 升级改进

经过不断的改进，MT-LB 装甲人员运输车具备了军事运输以外的其他功能，并逐渐成为一种辅助和战斗装甲车辆。

英国装甲车

FV601 轮式装甲车

武器系统

FV601 装甲车装备一门 L5A1 火炮、一挺 7.62 毫米并列机枪、一挺 7.62 毫米高射机枪和六具烟幕弹发射器。

FV601 轮式装甲车基本数据

乘员：3 人

车长：4.93 米

车宽：2.54 米

战斗全重：11.59 吨

最大公路速度：72 千米 / 时

最大公路行程：400 千米

1946 年 1 月，英国陆军提出用新的装甲车代替第二次世界大战时期英国使用的装甲车，于是，英国研制出了 FV601 轮式装甲车。FV601 装甲车的车体采用全焊接钢板制成，车体内部共分为三个舱，依次是前部的驾驶舱、中间的战斗舱和后部的动力舱。驾驶舱的前部有一个可折叠的舱盖，舱盖打开后可以扩大视野。战斗舱与动力舱之间由防火隔板隔开。FV601 装甲车的炮塔为全焊接结构，炮长在左，车长在右。

FV432 装甲人员运输车

　　FV432 装甲人员运输车是由 FV420 系列装甲车发展而来的，于 20 世纪 50 年代开始研制生产。1961 年，样车设计完成，1963 年，英国生产出第一批生产车型。直到 1971 年，英国共生产三千辆 FV432 装甲人员运输车，该车是重要的协同作战车辆。

　　英国在装备了"武士"步兵战车后，并没有放弃使用该车，而是在该车的基础上不断地进行改进，生产出了多种变型车。其中有 FV434 维修保养车、FV436 雷达车和 FV439 皇家通信车等。

设计特点

　　FV432 装甲人员运输车的车体由焊接而成的防弹钢板制成，防护能力较高。而该车最大的结构特点是驾驶员位于车体前部右侧。另外，该车前部有可以打开的舱盖，维护保养方便。

潜望装置

　　FV432 装甲人员运输车的舱盖上装有大角度潜望镜，视野比较开阔。夜间驾驶时，该车还可以换成微光夜视潜望镜。

FV432 装甲人员运输车基本数据

乘员 + 载员：2 人 + 10 人

车长：5.25 米

车宽：2.8 米

战斗全重：15.28 吨

最大公路速度：52.2 千米 / 时

最大公路行程：579 千米

FV101 装甲侦察车

FV101 装甲侦察车基本数据

乘员：3 人

车长：4.79 米

车宽：2.40 米

战斗全重：8.1 吨

最大公路速度：80.5 千米 / 时

最大公路行程：644 千米

》作战特点

　　FV101 装甲侦察车主要装备机械化部队或坦克部队，依靠热成像仪、小型战场雷达等设备完成作战任务，信息化程度相对较高。

1972 年，英国陆军开始装备 FV101 装甲侦察车。此外，该车还出口到比利时、伊朗、沙特等国家。FV101 装甲侦察车的车体和炮塔均为全焊接铝合金装甲结构，主要武器是一门 76 毫米的火炮，它的动力装置位于车体前部，有 7 个前进档和 7 个倒档，即使在原地也能顺利地完成转向动作。FV101 装甲侦察车的车上有三防装置，即使在沼泽中也能顺利地完成任务。

▶ 作战任务

FV101 装甲侦察车的主要作战任务是在近距离或中等距离内侦察、巡逻、警戒敌人，并护卫协同车辆。

FV721 FOX 装甲侦察车

主炮

FV721 装甲侦察车的主炮是 30 毫米"拉登"炮，可以发射多种型号炮弹，最多可完成 6 发连射。完成射击后，空弹壳会自动弹出车外。所以，该车的攻击能力在装甲侦察车辆中是比较出色的。

　　1965 年，英国开始制定研制 FV721 FOX 装甲侦察车的计划。1967 年，FV721 装甲侦察车的第一辆样车生产完成并于次年开始进行各种使用试验。1970 年，英国军队开始接受该车服役。FV721 装甲侦察车的车体和炮塔均由铝合金焊接而成，可以抵御重型枪弹和弹片的袭击。炮塔位于车体中间的上方，车长兼装填手位于炮塔左侧，炮手位于右侧。炮塔两侧各有 1 个舱盖。

FV721 装甲侦察车基本数据

乘员：3 人

车长：4.22 米

车宽：2.13 米

战斗全重：5.85 吨

最大公路速度：105 千米／时

最大公路行程：800 千米

"武士"步兵战车

"武士"步兵战车基本数据

乘员＋载员：3 人＋7 人

车长：7 米

车宽：3.4 米

战斗全重：30.4 吨

最大公路速度：75 千米／时

最大公路行程：660 千米

▶ 武器

　　"武士"步兵战车装备"拉登"机关炮和 7.62 毫米口径机枪，另外还有 4 具烟幕弹发射器。

▶▶ 侦察能力

"武士"步兵战车的车长配有 9 具潜望镜,这 9 具潜望镜分布在车内,使得该车具有周视直接观察能力,因此提高了该车的侦察能力。

"武士"步兵战车主要列装英军野战部队和装甲机械部队,可协同坦克作战,输送并支援步兵。真正令"武士"步兵战车扬名世界的战斗是 2003 年的伊拉克战争。巴士拉是伊拉克重兵布防的战略要地,在英军围攻巴士拉的战斗中,伊拉克军队虽然顽强抵抗,但在"武士"步兵战车与"挑战者"Ⅱ型主战坦克的猛烈攻击下,英军还是如期拿下了巴士拉。在这次战斗中,"武士"步兵战车经受住了考验,展现出良好的可靠性与防护性。

作战用途

"武士"步兵战车在实战中可用来攻击敌方的步兵战车和轻型装甲车辆,也可排除地雷等前进障碍,但若攻击敌方主战坦克则显得威力不足。

攻击能力

　　"武士"步兵战车装备的机关炮可
发射脱壳穿甲弹，在 1.5 千米的距离
内可击穿倾斜角为 45° 的 40 毫米厚钢装
甲，这让"武士"步兵战车具备了比美国
M2 步兵战车和德国"黄鼠狼"步兵战车
更强大的攻击能力。

法国装甲车

AMX VCI 步兵战车

迄今为止，AMX VCI 步兵战车的总产量已经接近三千辆。AMX VCI 步兵战车刚刚列装法国军队时，曾被命名为 TT 12 CH Mle 56 输送车，后来被改为现在这个名称。

54

20 世纪 50 年代初,TT6 和 TT9 装甲人员运输车均因不能满足法军需要而被淘汰。为尽快满足法军的需求,法国霍奇基斯公司研制出 AMX VCI 步兵战车。1955 年,AMX VCI 步兵战车的第一辆样车制造完成,它向人们充分展示了新型步兵战车的风采。AMX VCI 步兵战车在法军中的装备数量很多,不过近年来,该车正逐步被 AMX-10P 步兵战车所取代。

AMX VCI 步兵战车基本数据

乘员 + 载员:3 人 + 10 人	
车长:5.7 米	
车宽:2.67 米	
战斗全重:15 吨	
最大公路速度:64 千米 / 时	
最大公路行程:350 千米	

AMX-10P 步兵战车

  AMX-10P 步兵战车的车体是用铝合金材料焊接而成的,它采用伊斯帕诺-絮扎多种燃料发动机,动力性能出色。车体上部有小型炮塔,位于车辆中央偏左。该炮塔能容纳车长和炮手,炮手在左,车长靠右。履带式 AMX-10P 步兵战车为水陆两栖式,车体后部有液压传动的活动梯可供乘员出入。为便于其在水上行驶,车体后部两侧各有一个喷水推进器,车体内还装有两个排水泵,其中一个安装在动力舱内。

装备情况

  首批 AMX-10P 步兵战车于 1973 年列装法军陆军,此后,AMX-10P 步兵战车还大量出口,采购最多的国家为沙特阿拉伯。

AMX-10P 步兵战车基本数据

乘员＋载员：3 人＋8 人

车长：5.78 米

车宽：2.78 米

战斗全重：14.5 吨

最大公路速度：65 千米／时

最大公路行程：500 千米

❯❯ 变型车

　　AMX-10P 步兵战车有迫击炮车、火力支援车、反坦克导弹发射车等多种变型车辆。

VBCI 步兵战车

▶ 设计特点

VBCI 步兵战车的车体采用高强度铝合金制成,带有防弹片层,并装有钢附加装甲,该车有足够强的防护能力抵挡轻武器和炮弹破片的攻击。

VBCI 步兵战车基本数据

乘员 + 载员	2 人 + 10 人
车长	5.9 米
车宽	2.6 米
战斗全重	14 吨
最大公路速度	60 千米 / 时
最大公路行程	750 千米

改进

VBCI 步兵战车在投产后又经过了优化改进,主要包括改进舱盖和储藏室设计,以增加安全性,并为提高态势感知能力而在步兵舱中加装了潜望镜。

▶ 防护水平

VBCI 步兵战车上装备有光学激光防护系统，车底装有防地雷模块，并且还装有 GALIX 自动防护系统，其总体的防护水平是其他轮式步兵战车不可相提并论的。

VBCI 步兵战车是法国新一代轮式步兵战车，于 2008 年进入现役，逐渐替换在法国陆军中服役的履带式 AMX-10P 步兵战车和 VAB 4×4 步兵战车。VBCI 步兵战车具备与主战坦克接近的机动性与通过性，综合作战能力较强。

▶ 瞄准镜

　　VBCI 步兵战车上装有一具观察与射击用瞄准镜,该瞄准镜将双直瞄视场与昼用摄像仪、夜用热像仪和激光测距仪结合在一起,能够在不被炮塔遮挡的区域内进行独立观察,可以在昼夜的各种气候条件下进行观察和瞄准。

德国装甲车

HS-30 装甲人员运输车

为了满足军队使用需要,德国从 1955 年就开始了 HS-30 装甲人员运输车的研制工作。直到 1958 年,经过将近四年的努力,HS-30 装甲人员运输车最终出现在世人面前。德国考虑再三,决定把 HS-30 装甲人员运输车作为军队装备的首批装甲人员运输车。由于早期的生产条件不成熟,机械方面有很多问题,厂商一共生产了 1 800 辆 HS-30 装甲人员运输车,并全部列装德国的军队。

HS-30 装甲人员运输车基本数据

乘员 + 载员 : 3 人 + 5 人

车长 : 5.56 米

车宽 : 2.54 米

战斗全重 : 14.6 吨

最大公路速度 : 58 千米 / 时

最大公路行程 : 270 千米

武器

　　HS-30 装甲人员运输车配备了一门 20 毫米口径火炮，这在当时是一种火力超强的武器，曾是第一代步兵战车的代表武器之一，而 HS-30 装甲人员运输车也因此具备了强大的攻击能力。

"黄鼠狼"1型步兵战车

"黄鼠狼"1型步兵战车基本数据

乘员＋载员:3人＋6人	
车长:6.9米	
车宽:3.24米	
战斗全重:30吨	
最大公路速度:75千米/时	
最大公路行程:500千米	

　　"黄鼠狼"1型步兵战车是鲁尔钢铁公司和莱茵钢铁–哈诺玛格公司两大集团合作制造出的一款新型步兵战车。到1975年,该车预订的产量已全部完成,但底盘仍在莱茵钢铁集团的亨舍尔工厂继续生产,用于改装罗兰德2型防空导弹发射车,直到1983年才结束。"黄鼠狼"1型步兵战车车体以装甲焊接结构包裹,可抵御枪弹和炮弹破片攻击。

▶▶ 突出特点

　　作为一种极具特色的步兵
战车,"黄鼠狼"1型步兵战车是
世界上最重的步兵战车之一。

UR-416 装甲人员运输车

　　UR-416 装甲人员运输车车体为全焊接钢板结构，这样的结构使得它在面对轻武器、炮弹破片以及一些杀伤性的地雷时都显得从容不迫。这是一款动力装置前置的运输车，车长的座位在动力舱之后，驾驶员在左，车长在右。驾驶舱前方装有带刮水器的挡风玻璃。必要时挡风玻璃可用上部铰接的装甲盖板防护，车长和驾驶员可用前部车顶安装的潜望镜观察。

▶▶ 出入门

UR-416 装甲人员运输车共设计有三个出入门,分别位于车体的两侧和后部。

UR-416 装甲人员运输车基本数据

乘员 + 载员:2 人 + 8 人

车长:5.1 米

车宽:2.25 米

战斗全重:7.6 吨

最大公路速度:85 千米 / 时

最大公路行程:700 千米

使用情况

从 1969 年投产至今,UR-416 装甲人员运输车的产量已经超过一千辆,这些装甲车多被南美洲和非洲的国家购买。

Tpz-1 装甲人员运输车

Tpz-1 装甲人员运输车基本数据

乘员 + 载员	2 人 + 10 人
车长	6.76 米
车宽	2.98 米
战斗全重	17 吨
最大公路速度	105 千米 / 时
最大公路行程	800 千米

> ▶▶ **变型车**

以 Tpz-1 装甲人员运输车为基础，德国人生产出了几乎所有的变型装甲车。

为适应联邦德国国防部发展新一代装甲车的要求,德国于1964年研制出了Tpz-1装甲人员运输车,后来还生产了战术卡车等。从1979年开始,Tpz-1装甲人员运输车陆续进入德国陆军服役,并逐渐成为德国陆军中装甲运输的主力车种。Tpz-1装甲人员运输车一经投产,便供不应求,广泛应用于德国本土。沙特阿拉伯、荷兰、英国、美国和委内瑞拉等国家也出现了Tpz-1装甲人员运输车的身影。

▶▶ 庞大家族

Tpz-1是世界上性能最出色的庞大装甲车家族之一。

❯ 后续发展

德国通过不断升级, 保证 Tpz-1 装甲人员运输车能够适应现代战争的需要。目前, 最新的车型 Tpz-1A7 装甲人员运输车已经在巴尔干地区服役。

其他国家装甲车

意大利 VCC-80 步兵战车

    意大利 VCC-80 履带式步兵战车,是由两家公司共同研制的一种装甲车辆。经过了一系列的可行性研究之后,意大利军方与两家公司签订了样车制造合同。

    VCC-80 步兵战车的车体和炮塔均采用铝合金焊接结构,并有螺栓将车体附加的钢装甲与车体本身相连。VCC-80 车体比较矮,驾驶员位于车体前部,驾驶舱中配备的三个潜望镜的观察点分别在车体的前方和两侧。该车的炮塔是用电驱动的,位于战车的中央部位,可旋转 360°。

舱门

    VCC-80 步兵战车的车内乘员通过车后液压操纵的跳板式后门上下车。此外,为了提高该车的安全性,载员舱还配有安全门,可供车内载员在紧急情况中临时出入作战车辆。

▶ 电子设备

　　VCC-80 步兵战车配备激光
测距仪和热成像仪等电子设备，
综合作战能力较高。

VCC-80 步兵战车基本数据

乘员 + 载员:3 人 + 6 人

车长:6.71 米

车宽:2.98 米

战斗全重:19 吨

最大公路速度:70 千米 / 时

最大公路行程:600 千米

瑞典 PBv 301 装甲人员运输车

PBv301 装甲人员运输车基本数据

乘员 + 载员:2 人 + 8 人

车长:4.66 米

车宽:2.2 米

战斗全重:11.5 吨

最大公路速度:42 千米 / 时

最大公路行程:300 千米

PBv301 装甲人员运输车是在早期的Strvm41 轻型坦克的基础上改进而成的。它是一款设计比较成功的装甲车。该装甲车的改进之处是将发动机后置，并安装了新式传动装置。PBv301 装甲人员运输车虽然不是水陆两栖车辆，但性能及装备可靠，能充分实现装甲运输的功能，因此，它在瑞典的服役期很长，一直到 PBv302 装甲人员运输车出现才结束。

▶ 弹药储备

PBv301 装甲人员运输车内的储备弹药为 405 发榴弹、100 发穿甲弹，3 个 135 发弹带、10 个 10 发弹匣。

结构特点

PBv301 装甲人员运输车车体采用滚压钢板焊接制成，履带上方的两侧车体为双层钢板，两层钢板之间装有蓄电池及其他附件。这不仅增加了浮力，而且也提高了防破甲弹的能力。

瑞典 CV9030 步兵战车

CV9030 步兵战车基本数据

乘员 + 载员：3 人 + 8 人

车长：6.55 米

车宽：3.19 米

战斗全重：26 吨

最大公路速度：70 千米 / 时

最大公路行程：600 千米

Ps 171-4

瑞典的 CV9030 步兵战车在外形以及内部结构的分配上与 CV9040 很相似，它也是一款主要用于出口的车型。它与 CV9040 的不同之处在于，它所安装的柴油发动机的功率更大一些。CV9030 步兵战车的车体外包裹着一层全焊接钢装甲，行驶时，驾驶员位于左前方的驾驶舱内，右侧是该车的发动机。该车的动力装置安装方便，便于维护和换装，发生故障时，维护人员在 15 分钟内就可将其拆除并装上新的动力设备。

▶ 设计特点

CV9030 步兵战车的车体两侧安装有核生化防护系统和冷却系统，车体后部有换气管道。

瑞典 CV9040 步兵战车

CV9040 步兵战车的车体由全焊接钢装甲制成，车体左前侧是驾驶员的位置，右侧则是发动机的安装位置。车体中后部被开辟为一个空间较大的步兵舱。车体上安装了三架可在车体密封时使用的潜望镜，这保证了该车在任何情况下都可以监视车外情况的变化。

CV9040 步兵战车基本数据

乘员 + 载员:3 人 + 8 人

车长:6.47 米

车宽:3.01 米

战斗全重:22.4 吨

最大公路速度:70 千米 / 时

最大公路行程:600 千米

作战特点

　　CV9040 步兵战车外形低矮,避弹性能好,车内空间大,可容纳多种设备,具备多用途性。这样的设计特点使该车尤其擅长摧毁敌方装甲车辆和打击敌方地面部队。

土耳其 FNSS 步兵战车

FNSS 步兵战车基本数据

乘员 + 载员：3 人 + 7 人

车长：5.26 米

车宽：2.82 米

战斗全重：13.69 吨

最大公路速度：61.2 千米 / 时

最大公路行程：490 千米

土耳其的很多战车都是从国外引进的，而且很多装备也多是从别国的产品中衍生出来的。FNSS 步兵战车就是由美国的装甲步兵战车改装而成的。该车的载员舱容量较大，步兵战士通过架设在车体之外的倾斜梯进出，这个梯子是由动力装置操纵的。步兵舱顶部有一个舱盖可供紧急使用。车体共有 5 个射击口，两侧各两个，后面一个，每个射击口配有一架白昼用潜望镜。

结构特点

　　FNSS 步兵战车的车体由全焊接铝装甲包裹，车体外部还铆装着一层钢制额外装甲，这极大地提升了该战车的安全性能。

保加利亚 BMP-23 步兵战车

武器

　　BMP-23 步兵战车的主要武器是一门机关炮,可发射曳光杀伤燃烧弹和曳光穿甲燃烧弹，炮塔后部上方还有一具 AT-3 反坦克导弹发射器,反坦克导弹的数量为 4 枚。

保加利亚一直是一个中等发达的国家，武器供应绝大部分都是依赖苏联的，兵工企业仅能制造一些轻型武器而已。虽然保加利亚从苏联进口了一些战车，但是这远远满足不了国防的需要。到20世纪80年代的时候，保加利亚终于有了第一款自行生产的步兵战车，这便是在苏联步兵战车基础上改装而成的BMP-23步兵战车。

▶▶ 结构特点

BMP-23步兵战车的车体前部为驾驶室，中部是动力舱，战斗舱位于中部偏后位置。

BMP-23 步兵战车基本数据
乘员＋载员：3人＋7人
车长：7.29米
车宽：2.85米
战斗全重：15.2吨
最大公路速度：61.5千米／时
最大公路行程：547千米

▶▶ 自主设计

BMP-23步兵战车的炮塔是双人炮塔，这是保加利亚自主设计的。

罗马尼亚 MLI-84 步兵战车

与罗马尼亚装备的多数装甲车一样,MLI-84 步兵战车也是在苏联装甲车的基础上改装而成的。改进后的 MLI-84 步兵战车比它的原型车更长、更宽。更为重要的是，它的引擎动力性能更优秀。MLI-84 步兵战车自 1983 年起进入罗马尼亚陆军部队服役，为罗马尼亚的国防事业做出了重要贡献。

MLI-84 步兵战车基本数据

乘员＋载员：2 人＋9 人

车长：7.32 米

车宽：3.15 米

战斗全重：16.6 吨

最大公路速度：64 千米／时

最大公路行程：600 千米

武器配备

MLI-84 步兵战车的武器配备有：73 毫米火炮一门、"萨格尔"反坦克导弹发射器一台、7.62 毫米同轴机枪一挺，这些武器为 MLI-84 步兵战车提供了强大的攻击能力。

日本 89 式步兵战车

89 式步兵战车基本数据

乘员 + 载员:3 人 + 7 人

车长:6.7 米

车宽:3.2 米

战斗全重:25 吨

最大公路速度:70 千米 / 时

最大公路行程:402 千米

▶ 车体特征

　　89 式步兵战车的外观较有特色,车体上甲板的倾角较大,炮塔的形状复杂,炮塔两侧有反坦克导弹发射装置。

日本三菱重工公司于 1984 年研制出了 89 式步兵战车的第一批样车,并于 1986 年开始对该型车进行技术试验和部队使用试验。1989 年,新式步兵战车设计定型,并被命名为 89 式步兵战车。89 式步兵战车的结构设计比较特别,车体上甲板的倾角较大,炮塔的形状复杂,炮塔两侧有反坦克导弹发射装置,车体后部有两扇尾门。车体前部和炮塔顶部也设计有舱门,可以使乘(载)员迅速上下车。

▶ 主武器

89 式步兵战车的主武器是一门 KDA35 毫米机关炮,可以高平两用,可发射燃烧榴弹、曳光弹、穿甲榴弹、脱壳穿甲弹。除了打击轻型装甲目标外,该车还可以攻击 3 000~4 000 米外的飞机。

阿根廷 VCTP 步兵战车

　　1974 年,联邦德国蒂森亨舍尔公司与阿根廷军方签订合作合同,开始与阿根廷军方共同研制 VCTP 步兵战车。可以说,VCTP 步兵战车是德国和阿根廷合作的结晶, 这样的合作也为 VCTP 步兵战车的诞生奠定了市场基础。VCTP 步兵战车防护水平较高,而一门 20 毫米口径机关炮和一挺 7.62 毫米口径机枪,也让 VCTP 步兵战车具备了强大的攻击能力。

▶ 使用情况

　　VCTP 步兵战车于 1979 年装备阿根廷陆军,其主要作战任务是在战场上运载机械化步兵协同主战坦克作战。该车总产量为 190 辆,除列装阿根廷陆军外,该车还被出售至巴拿马。

设计特点

VCTP步兵战车采用联邦德国"黄鼠狼"步兵战车的底盘,车体为钢装甲全焊接结构,防护能力较强。

VCTP步兵战车基本数据

乘员+载员:2人+10人

车长:6.790米

车宽:3.280米

战斗全重:27.5吨

最大公路速度:75千米/时

最大公路行程:591千米

图书在版编目(CIP)数据

战场雄狮——装甲车／崔钟雷主编. -- 北京：知
识出版社，2014.6
（经典兵器典藏）
ISBN 978-7-5015-8018-7

Ⅰ．①战…　Ⅱ．①崔…　Ⅲ．①装甲车 –世界 – 青少年
读物　Ⅳ．①E923.1–49

中国版本图书馆 CIP 数据核字（2014）第 123732 号

战场雄狮——装甲车

出 版 人	姜钦云	
责任编辑	李易飏	
装帧设计	稻草人工作室	
出版发行	知识出版社	
地　　址	北京市西城区阜成门北大街 17 号	
邮　　编	100037	
电　　话	010-51516278	
印　　刷	莱芜市新华印刷有限公司	
开　　本	787mm × 1092mm　1/24	
印　　张	4	
字　　数	100 千字	
版　　次	2014 年 7 月第 1 版	
印　　次	2014 年 7 月第 1 次印刷	
书　　号	ISBN 978-7-5015-8018-7	
定　　价	24.00 元